这样装修才会顺

风格定位

凤凰空间·华南编辑部 编

江苏凤凰科学技术出版社

目录

基础篇

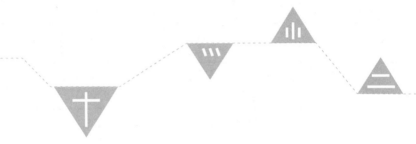

❖ 性格

家，是每个人的"世外桃源"，因此它总是主人志趣和审美的体现，中国的文人士大夫尤为如此。宋代的赵希鹄在他的《洞天清录集》里就谈到："明窗净几，焚香其中，佳客玉立相映，取古人妙迹图画，以观鸟篆蜗书，奇峰远水，摩挲钟鼎，亲见商周。端砚涌岩泉，焦桐鸣佩玉，不知身居尘世。所有受用清福，孰有欲逾此者乎！"

现代人相信"性格决定命运"，这句话在心理学也能找到依据。在心理学中，性格就是指一个人稳定的、习惯化的思维方式和行为风格。大家熟悉的性格血型说、性格体液说、九型人格、色彩心理等，都是对性格分类和解释的一些说法，尽管这些说法并没有在正统心理学中得到承认，不过可以看出我们是多么想了解自己，从而找到适合自己的生活。

正统的心理学性格研究则主要有大五人格理论、卡特尔16人格因素、霍兰德的6职业类型理论等。适合职业人士的则有DISC性格测试、MBTI职业性格测试等。

家居和人的生活、情绪息息相关，所以根据性格方向来选择风格，细节上再进行调整，才能让生活质量加倍提升。若整体风格选错了，细节的调节效果就会被削弱，难以起到原本应该有的作用。

❖ 最通用的性格理论：大五人格

自二十世纪80年代起，研究者们在人格描述模式上达成了比较一致的共识，提出了人格的大五模型，被称为人格心理学的一场革命。研究者通过词汇学的方法，发现大约有五种特质可以涵盖人格描述的所有方面。"大五"人格理论即作为性格研究的通用构架，在世界上得到广泛认同和接受。

大五人格（OCEAN），也被称之为人格的海洋，可以通过NEO-PI-R评定。

大五人格类型	正向特质	反向特质
外倾型（extraversion）	健谈、果断、有活力、热情、活跃等	不好交际、严肃、含蓄等
宜人型（agreeableness）	友好、真诚、愉快、利他、有感染力等	无情、怀疑、不合作等
责任感型（conscientiousness）	有责任心、有条理、坚韧不拔、公正、拘谨、克制等	无序、粗心大意、意志薄弱等
情绪稳定型（neuroticism）	冷静、忧郁、镇定等	烦恼、不安全感、自怜等
开放型（openness）	富有想象力、洞察力、聪明有修养、直率、创造性、思路开阔等	务实、遵守惯例、顺从等

❖ 风格也有自己的性格

不同性格的人，要根据自己的特征，选择适合自己的风格或者是色调，并在这样的基础上确定装修的各个细节，让家居的气氛有助于发扬我们性格中好的一面，抑制坏的一面，营造出好的心情，生活和工作自然会顺利很多。

简约风格多为黑白色系，传递出的是冷酷的感受，在装修的时候经常都会用到金属、玻璃和大理石等比较坚硬的材料。外倾型和开放型人士虽然热情又直率，但是生活中遇到不顺时亦容易冲动，选择这种风格的设计有助于抑制其性格冲动的一面，在简约的环境下情绪容易平静下来。

那是不是性格较为内向的人就无缘现代风格了呢？非也，简约风格也可以色彩缤纷，且比较适合情绪稳定型的人士，如在客厅的电视背景墙或在卧室的床品上运用绿、红、橙、紫这些活泼的颜色，不仅能够营造出强烈的色彩效果，同时能增加情绪稳定型人士的活力，用更积极的心态开拓生活。

欧式风格的典雅大方与责任感型人士的稳重气场特别契合，像壁炉、蜡烛、花式吊灯、地毯等古典元素，能够使他们感受到更强的掌控力，从而对工作和生活更加如鱼得水。外倾型人士则能够从这种"高贵的单纯和静穆的伟大"的审美中获得性格上的平衡力。

田园风格和小清新风格总是带给人清爽的感受，所以特别适合宜人型人士，这两种风格的家居环境能够进一步激发这种性格友好、真诚、有感染力的特质。特别是竹木、棉麻等自然元素的运用，使在这个空间中与宜人型人士相处的人们更能感受到这种性格的美好。另一方面，在整体风格和色调上做一些调整，比如多用一些温暖的颜色，材质上多用木头而少用铸铁，舒适的环境就能够给聪明有修养的开放型人士提供展开想象的空间氛围。

新中式风格多以温和的暖色调为主色调，如白、米黄和各种木色等，而且新中式风格多以木头作为材料，另外，黑、红、黄是中国文化的代表色，使用这些颜色搭配能够突出传统气息，所以非常适合责任感型和情绪稳定型的人士。

❖ 装修如何兼顾家人性格

家庭成员的经历不同、性格不同，这种情况几乎每个家庭都会碰到，那家居的风格到底应该怎么选择呢？解决这个问题并不难，一句话，就是迁就家中比较重要或者比较需要的人，以一个人的好心情来带动整个家庭的氛围。另外，在风格统一的前提下，进行一些细节的调整，比如其他家庭成员的私人房间，可以根据其性格进行摆设，这样，就可以为每一个家庭成员都建立一个舒适的家居环境。

1、最常见的就是根据男主人的性格来确定风格，因为男主人一般是家里的顶梁柱，他的心情、事业和健康关系到整个家庭的生活质量。

2、根据每天在家里待的时间最长的家庭成员的性格来确定风格，因为在家里待的时间最长，所以家居环境对他的影响也最大。

3、事业或学业处于关键期的家庭成员，如成绩需要扶持的小孩，或者事业处于上升期的家庭成员。根据他们的性格进行家居布置，可让他们在环境中舒心的生活，更专注自己的学业或事业。

4、身体比较弱需要重点照顾的家庭成员，他们需要更多的能量来帮助身体的恢复，所以以他们的性格为主导的家居风格，能够帮助他们建立好的心情，自然有利于身体的恢复，这样家里其他成员也安心，家庭自然更加和睦。

实战篇

01 现代极简约

❖ 极简约的装饰指南

想要一个更高效率的家，不用花那么多时间打扫卫生和摆弄装饰；喜欢与众不同，期待亮丽的色彩能让人眼前一亮，也钟情充满个性的黑白搭配。

特点： 简约风格以简洁的造型、纯粹的质地、精细的工艺、实用的功能为特征。不追求豪华，而是抛弃了许多不必要的装饰，着重发挥其形式美，展现一种低调的品位。

空间： 简约风格追求空间的实用性和灵活性，空间的划分不仅限于墙体，还可以通过家具、吊顶、地面材料和陈列品的变化，来划分不同的功能空间。简单的装饰也会让室内空间显得相对宽敞。

颜色： 太多颜色会给人杂乱无章的感觉，所以简约风格家居多以单一的棕色系（木头色、棕色、象牙色），单一的灰色系（白色、灰色、黑色）等为基调。其中白色最能表现简约风格的简洁，黑色、银色、灰色则最能展现简约风格的冷酷。另外，还可以运用非常强烈的对比色，创造出特立独行的个人风格。

材料： 除了石材、木材、瓷砖等常用材料，还会经常用到金属、玻璃、塑料以及合成材料，因为这些材料和石材、木材的反差很大，能够制造出强烈的视觉效果。

天花： 天花一般不会做装饰，即使做灯池也只是简单的直线造型，而且基本都是白色的。

地面： 多采用素色的地砖或者木地板，质感要求细腻。

墙面： 主要是刷墙漆，壁纸和其他材质的面板则能增加奢华感，样式以素雅和简洁为主，避免复杂的图案。

家具： 现代风格的家具设计简约流畅、注重功能，布置时要着重体现空间与家具的整体协调。家具色彩要么很统一，要么是对比强烈的饱和色彩。

配饰： 因为简约风格的硬装比较简洁，所以软装要到位才能凸显它的美感。多选择一些富有创意的饰品，能为家居装饰起到画龙点睛的作用。装饰画、抽象画、黑白摄影、几何造型的灯具等都非常符合简约风格的气质，窗帘要避免繁复的图案和绒面的质感，否则会显得不够现代，有抽象图案和装饰图案的抱枕能给单调的空间带来视觉活力。

❖ 上田小区·黑白颂曲

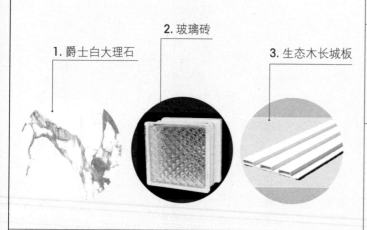

1. 爵士白大理石

2. 玻璃砖

3. 生态木长城板

1. 底白、花多且深，花为紫红色或灰色，光泽度一般，其色调以乳白色居多，质感丰富，条纹清晰

2. 用透明或有色玻璃制成的块状、空心的玻璃制品，由于玻璃制品具有透光的特性，所以多用于需要改善采光的区域

3. 由木塑材料做成的一种装饰板，使用寿命为 30 年以上，耐酸碱、抗虫蛀、耐油污、易清洁、无甲醛，可回收利用，绿色环保

设计公司：温州大墨空间设计有限公司	面积：155 平方米
设计师：叶蕾蕾 叶建权	户型：四室两厅跃层

一楼平面布置图　　　　二楼平面布置图

教你布局

改变楼梯位置让空间更实用，家庭更和睦：
本案为 155 平方米的跃层式住宅，在设计上，跃层式住宅有更大的想象空间。针对原建筑结构的不合理，设计师在空间布局上做了调整，将楼梯以及卫生间从原来住宅的中间位置移到大门的左侧，使空间变得既实用又充满灵动感。从环境心理学角度来看，楼梯最好是靠墙而立，不要设在居室中央，这样等于把家一分为二，会给家中的动线设计带来各种问题，使人感到不方便和不愉悦。楼梯口也不要正对大门，这样隐私空间难以保证，让人心神不宁。

教你装修

细节成就经典： 在把握好空间布局的基础上，设计师着重对一些细节进行刻画，例如天花周边走黑色不锈钢条、桃红色壁纸从墙面延伸到天花、房门做到顶的细节设计，都体现了设计师对整体设计的掌控能力。在色彩上，采用了简洁明了的黑白搭配，使整个空间看起来干净利落、工整大方；在造型上，没有多余的装饰，简洁的造型让空间变得更加明亮。大量玻璃的运用让上下两层空间更好的融合在一起，视野也更加开阔。楼梯区的吊灯通过玻璃砖、玻璃护栏，将光线反射到室内各个角落。

教你营造

方圆互济：简约风格最容易出现的问题就是硬朗的直线条太多，不符合传统精神追求圆满的原则。那岂不是不能选择简约风格了？非也，只要在关键的地方搭配圆形、弧形的物件儿即可。本案的灯具基本都是圆形，楼梯区更是以几盏吊灯围成一个圆形，这样居室既明亮又圆满。

软硬搭配：本案采用的主要材质折射率都比较高，加上采用了直线造型，整体感觉比较硬朗，所以沙发和抱枕大多采用绒面布料，以柔软的面料缓和家居的气氛。如果还使用木头或者皮革这样的材料，家里都是硬碰硬，生活怎么会好呢？

教你点睛

色彩点亮家居： 如果满眼都是黑白色，看久了会觉得单调乏味，全是白色，甚至还会造成类似雪盲的负面效果，所以本案在局部使用了亮丽的桃红色壁纸和大红色台灯来做点缀色。需要注意的是，点缀色面积不能太大，另外色彩要纯粹一点，不能是灰灰的颜色，否则就达不到点睛的效果了。黑白色是最百搭的颜色，所以有很多点睛色可选，例如红色、蓝色、黄色或者绿色。

❖ 木兰水天·拥抱阳光的家

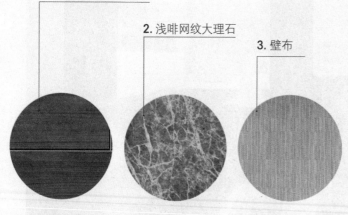

1. 泰国柚木实木地板

2. 浅啡网纹大理石

3. 壁布

1. 含有很重的油质，能防潮、防虫蚁，经典的金褐色或深褐色，纹理丰富，大气典雅

2. 浅褐与丝丝浅白错综交替，呈现出一种纹理鲜明的网状效果，质感、立体层次感极强，装饰效果极佳

3. 实际上是壁纸的另一种形式，但在质感上比壁纸更胜一筹。表层材料的基材多为天然物质，纹理自然、色彩柔和，给人一种温馨的感觉

设计公司：支点设计	面积：380 平方米
设计师：蒋宏华	户型：三层独栋别墅

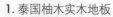

负一楼平面布置图

一楼平面布置图　　　二楼平面布置图

教你布局

娱乐室要注意通风换气： 木兰水天别墅位于木兰湖心独立小岛，依山临水循势而建，山光水色遥相呼应，宛如世外桃源。三层独栋，功能分区明显。设计师将地下室作为娱乐休闲区，一楼作为会客区，二楼作为休息区，布局合理。一般说来，一个地下室中，包含 3~4 个功能是最合适的，既能提高生活质量，也不会感觉空间局促。但是，像桌球、麻将这样的娱乐活动会造成空气污染，有损住宅的环境，解决方法是将天花板设计成土黄色，点缀星光装饰，并加装排风扇

教你装修

自然光线是最好的能量：一层采用全开放式设计，视觉开阔，除了客厅右侧的落地大玻璃窗外，客厅后方的休闲区也开了一扇窗，让更多的自然光线进入这个家的公共区域。

教你装修

博古架做隔断： 博古架具有通透的特性和良好的装饰效果，可以使空间隔而不断，因此常常被用作区分空间的隔断。需要注意的是：在选择博古架的时候要和居室的整体设计风格相协调；有小孩的家庭还要注意安全，防止小孩因好奇损坏器物或因物品跌落伤造成意外伤害。

教你点睛

选对装饰画：装饰画不仅能装点居室还能展现主人的个性。选择装饰画首先要注意的是风格，装饰画的风格要和装修风格相协调，同一环境中的装饰画风格也要一致，否则会让人感觉杂乱；其次要注意色调，装饰画的主要作用是调节居室气氛，所以最好与环境色形成反差，如果房间是暖色调的黄色，那么最好选择蓝、绿等冷色系的装饰画，反之亦然。

衡泰花园·璀璨灯火明

1. 仿木纹砖

2. 皮纹砖

3. 装饰木线

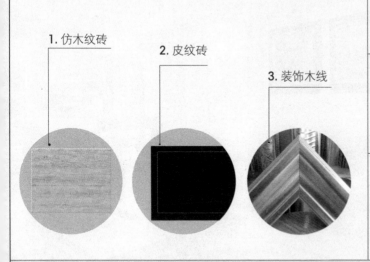

1. 表面具有天然木材纹理图案的陶瓷砖。木纹逼真，砖面耐磨，无需像木制产品那样定期打蜡保养

2. 属于瓷砖类的一种产品，有模仿皮革制品的缝线和磨边，皮革的质感与肌理，其凹凸的纹理、柔和的质感，让瓷砖不再冰冷、坚硬

3. 用于装饰中的各种木质装饰线材，如挂镜线、收边、压条等，能使居室富有层次美、艺术美。常用的木线有阴角线、阳角线、罗马线。市面上的木线有未上漆和上漆两种

设计公司：威利斯设计有限公司	面积：130 平方米
设计师：巫小伟	户型：三室两厅平层

平面布置图

教你布局

巧用玄关隔断冲煞： 本案为一套三室两厅的平层公寓，户型设计紧凑，厨卫全明，动静分区合理。设计师根据客户的要求定位于现代简约风格。由于大门正对客厅落地窗，因此设计师在进门处精心设计了玄关，既截断了使人不适的穿堂风，又避免了外界对"家"的窥视。厨房与卫生间之间也进行了简单的改造，增加了放冰箱的位置，使功能布局更为合理

教你装修

多边形天花线条显匠心：客厅天花打破了传统的横平竖直，根据不同的功能通过材质和线条来划分区域。石膏线与原木色饰面板巧妙结合，形成一个不规则的多边形，具有丰富多变的视觉效果，形式上亦别具一格。客厅非常注重层次感，电视背景墙由明镜、木色饰面板、无框玻璃门、咖啡色皮纹砖、百叶帘等不同的材质巧妙组合而成，采用虚实相间的设计手法，达到与书房和谐统一、隔而不断的效果。

教你点睛

利用灯光营造气氛： 餐厅吊灯风格最好跟餐厅的整体装饰风格一致，长形的餐桌既可以搭配一盏长形的吊灯，取和谐之意，也可以用相同的几盏吊灯一字排开，组合运用。此外，如果餐厅与客厅相邻，还要考虑餐厅灯跟客厅主灯的关系，不能喧宾夺主。卧室灯光则宜柔和温馨，可以通过筒灯、壁灯、天花暗藏光带等，来营造温馨舒适的气氛。

✦ 鑫城佳园·极简之美

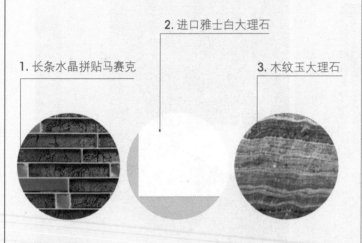

2. 进口雅士白大理石

1. 长条水晶拼贴马赛克

3. 木纹玉大理石

1. 水晶马赛克是陶瓷工艺和玻璃工艺的完美结合体，具有耐酸碱、永不褪色、阻燃、易清洁等诸多优点

2. 所有石材当中颜色最白的一种，色泽白润如玉，颗粒细腻，纹路稀少，美观高雅，但质地较软，属于一种娇贵的高档石材

3. 中国产的大理石，木纹，金黄色，微透光，有良好的观赏性，多用于地面、墙面、背景墙的装饰

设计公司：玛雅设计机构	面积：165 平方米
设计师：宋毅	户型：三室两厅平层

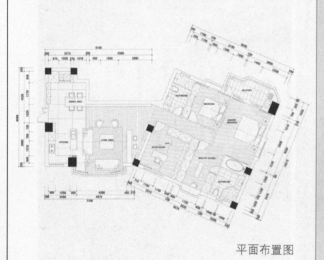

平面布置图

教你布局

不规则户型也有优点： 中国人深受"天圆地方"观念的影响，大都有这样的想法，"买房户型就要方正的！"但是如今的楼房多以塔楼为主，围合而建，这就必然会产生不规则户型，也就意味着不便于利用的。会有缺角或死角但不规则户型往往更能激发出新鲜感，只需要稍加创意，就可以让自己的家与众不同，让这些不规则的部分成为点睛之笔。同时，不规则户型和追求住宅整体感的传统观念有所相悖，如果是较理性，注重实用性的业主，可以选择此类户型的房子，如果是思想较传统的业主，就不要了

教你装修

吧台、餐桌和边柜都是巧妙的隔断： 电视背景墙和吧台作为一个整体来设计，餐桌和墙边柜也同样做整体设计，将简约设计风格的精髓发挥到了极致。不同材质的灵活运用以及吧台和酒柜的细节处理都体现了设计师的匠心独具。

教你装修

浅啡色的优雅与宁静：客厅以咖啡色为主色调，用白色人造石做电视背景，浅咖啡色壁纸做墙面。淡淡的咖啡色低调而优雅，羊毛地毯和整块的羊毛坐垫，质地柔软而富有弹性，营造出一种安静舒适的感觉。

教你点睛

卧室衣柜安装穿衣镜：有的衣柜会用大面积的镜面做柜门，需要注意的是衣柜的镜子最好不要对着床头，也不要对着卧室的窗户，否则镜面反射的光影，会使人产生错觉和产生眩晕感。另外，镜子也不能对着卧室门，门口放镜子的布局通常只出现在机关单位、学校等公众场所，像卧室这样私密的场所，开门见镜则象征隐私被外界窥探。

如果衣柜是推拉门，在设计的时候就要考虑镜子的安装位置，最好能贴在衣柜的侧立面。如果是平开门可以直接把镜子贴在柜门的背面，如果空间比较宽敞还可以在衣柜内做能拉出来并能旋转 90 度的内置穿衣镜。

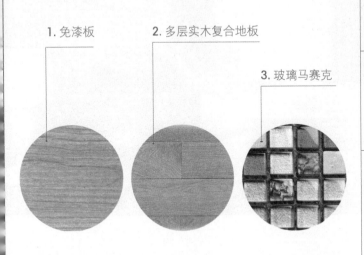

1. 免漆板

2. 多层实木复合地板

3. 玻璃马赛克

1. 无须油漆，绿色环保，木纹清晰，有防火、防潮、易清洁等优点。缺点是颜色选择单一，有破损时不好维护

2. 表面为 0.3~0.5 毫米的精贵实木皮，美观、高贵。选购时要注意，并不是层数越多越好，超过 7 层的是由纵横交错的杂木胶合而成，品质和成本都低很多

3. 又叫作"玻璃锦砖"，是一种小规格的彩色饰面玻璃。安全环保、耐酸碱、不褪色，多用于室内局部、卫浴以及阳台外侧的装饰

设计公司：DOLONG 设计　　　　　面积：160 平方米

摄影：金啸文空间摄影　　　　　户型：三室两厅平层

平面布置图

教你布局

户型方正有技巧，斜角改成收纳间：户型如果先天不足就要靠装修来后天弥补，本案的户型结构不管是从空间利用还是视觉感受来说都有改造的必要。首先，客厅格局不方正，产生凸角，凸角容易对居住者造成压迫感，影响健康。设计师利用大芯板将不规则的墙面拉直，将凸角作为收纳空间，从而使空间变得方正。其次，大门正对卧室门，使得室外的风直吹卧室，对居住者的健康不利。加之卧室又是隐私性比较高的地方。因此设计师将房间门和餐厅背景作为一个整体来设计，既保证了空间的独立性，又取得了良好的视觉效果

教你装修

简约舒适的木色空间： 注重功能实用性，充分利用空间和整体协调是本案设计的出发点。仿木纹地砖、木饰面以及壁纸的运用，使整个空间看起来温馨舒适，搭配深色系的实木家具，造就了一个简单、质朴、自然的客餐厅空间，而颇有意境的装饰画，则为空间增添了一丝文雅恬淡的气息。

教你营造

卧室装电视机要谨慎： 电视正对床头，形成的噪音和光污染会影响健康和睡眠质量，无形中影响夫妻关系。安装活动支架，可以轻松调节电视的角度和位置，而且坐在书桌前也可以收看电视，一举三得。

02 奢华简欧风

❖ 简欧风的装饰指南

喜欢欧洲贵族般的品位，欣赏那些花纹繁复的窗帘、地毯，对做工精细的高档家具爱不释手，更向往西方油画和雕塑逼真的效果。

特点： 欧式风格在细节上极其讲究，但千万不能认为越复杂越华丽，否则会像个俗不可耐的暴发户。简欧风格就是简化欧式古典的装饰，增添一些现代元素，让家居更加贴近自然、方便生活。

材料： 常使用实木、大理石、软包、提花面料和天鹅绒等，体现出精致和贵气。

颜色： 一种追求深色调的华丽，体现出高贵宁静的气氛，如用深棕色、深黄色等做主色调；一种追求浅色调的优雅气质，如用乳白色、米黄色和浅褐色等做主色调。局部搭配颜色不能太过艳丽，可以通过同色系的深浅来营造对比效果。

门窗： 简欧风格的门窗主要通过花样繁多的窗帘来体现：落地帘气派、开合帘端庄、罗马帘浪漫。落地玻璃窗非常具有欧洲风情，如果有足够的空间和预算，可以把门窗做成拱形，用罗马柱或壁柱装饰过道。

天花： 天花一般都会做灯池，以华丽的石膏线和水晶吊灯增加奢华感。如果预算有限，可以只重点装饰一下阴角线（墙面和天花的交界线），工程量小又容易出效果。

墙面： 最普遍的是贴壁纸或刷墙漆，饰以梁托（梁与柱或墙的交接处的构件）、腰线（墙面中部的水平横线）、壁炉造型等，以凸显欧式品位。

地面： 石材和木地板最佳，可以用波打线（地面沿墙边四周所做的装饰线）和拼花美化地板。

家具： 雕刻精致、宽大精美是简欧家具的特点，沉稳的可以选择深色的橡木或枫木家具，开朗的可以选择舒适的布艺沙发，搭配大小不一的抱枕，如方枕、长枕和糖果枕，增加装饰效果。

配饰： 各种带古典图案的地毯、窗帘、床罩和帐幔等，舒适而豪华。灯饰应选择具有西方风情的造型，如壁灯、吊灯和带大灯罩的台灯。写实油画或水彩画是最合适的挂画，也可以选择一些西方艺术家名作的仿制品，配上金色的雕花画框，直接把西方艺术带到家里。欧式的陶瓷和小型雕塑自成一格，点缀其中也别有趣味。

大自然花园·中西合璧

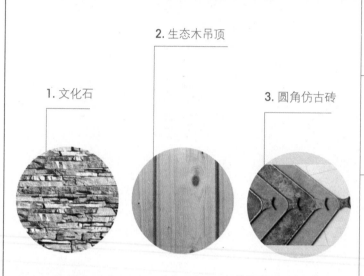

1. 文化石

2. 生态木吊顶

3. 圆角仿古砖

1. 分人造和天然两种，质地坚硬、纹理丰富、风格各异，但过于粗犷，一般用于室外或室内局部装饰

2. 比原木更环保、节能，具有木材的特性又防潮、保温、隔热。通常来说，集成吊顶拆装方便易清理，生态木吊顶美观环保

3. 边缘为圆角的仿古砖，搭配的小花砖色彩丰富，花样繁多，可以满足消费者的个性化需求

设计公司：温州大墨空间设计有限公司	面积：337 平方米
设计师：叶蕾蕾、叶建权	户型：五室两厅两套打通

教你布局

两套房打通要注重空间规划：屋主同时买下了顶层相邻的两套房子，打通成一套，传统思想认为此举不适宜，容易空间重复、浪费钱财。但是家居规划也要以满足生活需求、美观、舒适和滋养生气为本，只要配置合理，格局大开，就算两套打通为一套，也能达到"一加一大于二"的效果。

平面布置图

教你营造

横梁压顶要不得，阳光入室为最佳：屋子原来极不规则的斜顶和横梁，让设计师伤透了脑筋。在经过多次沟通之后，设计师锯掉了原本压在客厅正上方的一根矮梁，才有了如今高阔的客厅，拆掉了主人房原来的电视背景墙，改用落地玻璃代替，才有了如今明亮的主人房。屋主见识和思想都很开阔，这也让设计师有了更大的发挥空间。

走廊门洞采用开放式的欧式拱形门洞，让整体空间有很好的穿透性。用实木门套和雕花装饰作为门洞垭口的处理，简单的门洞变得厚重奢华，体现了欧式风格的豪华气派。

主卧采用双开门，一是大气奢华，二是通过双开门的玻璃将光线引入衣帽间。

✦ 凤凰和美·典雅却不繁复

1. 玻化砖　　　2. 金茶镜　　　3. 金属马赛克拼花

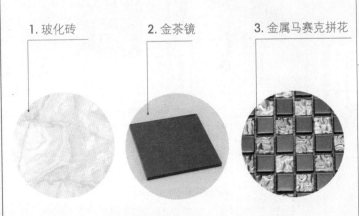

1. 高温烧制的瓷质砖，表面光滑透亮，是所有瓷砖中最硬的一种，在吸水率、边直度、弯曲强度、耐酸碱性等方面都优于普通釉面砖、抛光砖及一般的大理石

2. 茶色玻璃背面镀铜镀层，色泽纯正，多用于电视背景、沙发背景、公司形象墙、会所以及特定景观

3. 主要有不锈钢、铝塑板、铝合金三种，内含少量气泡和一定量的金属结晶颗粒，具有明显的遇光闪烁特点

设计公司：南京市赛雅设计工作室			面积：118平方米
设计师：徐静	摄影：金啸文	指导及技术支持：姚小龙	户型：三室两厅平层

平面布置图

教你布局

洗手台外置避免餐厅正对卫生间： 本案户型紧凑、空间利用率高、全明设计、采光、通风俱佳。两个布局问题比较明显，一是餐厅正对卫生间，无论从卫生角度还是生活习惯来说，餐厅都不能正对卫生间，否则容易使人食不知味，不利健康。在受空间限制无法避开，也没有条件设置玄关的时候，可将洗手台外置，作为一个独立的空间起过渡的作用，避免厕所的气味直冲餐厅。二是大门正对书房门，最好用屏风遮挡

教你点睛

用软包和茶镜打造奢华感：房间布局要大气，但在细节之处一定要精益求精，力求完美。电视背景墙选用了咖啡色的软包，与茶镜搭配相得益彰。软包材料质地柔软、色彩柔和，能够柔化整体空间氛围，其立体感也能提升家居装饰的档次。

教你装修

适当留白：用业主的话说就是不喜欢让家里的空间被塞得太满，喜欢空气自由流通的畅快感，以及让人随意走动的舒适感。设计师从业主的喜好出发，同时将生活的点滴融入设计中，最后成就了今天所看到的，一个舒适温暖而又充满生活热情的家。

古典并不意味着繁复：本案采用了现代欧式设计概念，整体设计以简单明快的线条为主，摒弃所有繁复，再以间接光源和自然光源为空间营造不同的氛围。整个家居空间看上去开阔而不拘谨，客厅、餐厅、厨房在同一条直线上，没有过多的遮挡，餐厅和客厅完美地融合在一起。在色彩上以大面积的浅色调为主，搭配简单的条纹壁纸、茶镜，从视觉上扩大了空间。

❖ 公园道·细软时光

2. 金刚板

1. 大理石瓷砖

3. 玻璃马赛克

1. 具有天然大理石纹理、色彩和质感的一类瓷砖产品。能达到天然大理石的逼真效果，装饰效果甚至优于天然石材且更加环保

2. "金刚板"是强化地板的俗称，花色品种较多，可以仿真各种天然或人造花纹。清洁护理方便

3. 又叫作玻璃锦砖，是一种小规格的彩色饰面玻璃。由天然矿物质和玻璃粉制成，安全环保、耐酸碱、不褪色，多用于室内局部、卫浴以及阳台外侧装饰

设计公司: 花开设计工作室		面积: 110平方米
设计师: 林函丹	摄影: 施凯	户型: 三房两厅平层

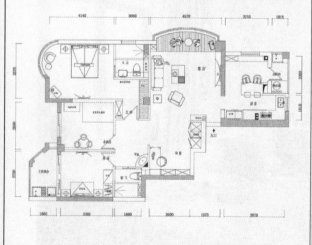

平面布置图

教你布局

卫生间没有窗怎么办: 本案坐南朝北，开阔大气，三阳台布局更易享受阳光生活。缺点是客卫没有窗，采光不佳，加上卫生间原本就是水多之地，潮湿的空气闷在室内，易滋生细菌，对健康不利。建议最好能开一个通气的窗户，以使内部空气流通。实在无法开窗的户型，可以在天花安装排气扇连接到排烟道上，而且要常开，保证气流能自然流通，避免湿气累积

教你装修

高饱和色彩的运用："屋子里有一种气味，像花园。我很喜欢，在那里待一下，阳光从另一个房间进来，说远不远的他方，热与爱穿过窗缝。收拢了流离的爱，失所的梦。"这是一套以欧式为主的混搭家居精品案例。设计师以不同的色彩、材质、肌理来装饰空间，使整个空间呈现出一种多姿多彩的绚丽景象，犹如一幅浓墨重彩的油画。在空间布局上，本案强调了空间解放的创造性，颠覆传统的格局，塑造了开放式的客厅、书房、厨房和餐厅。同时以高饱和的黄色、红色、绿色等具有视觉冲击力的颜色来装饰，才有了如此时尚丰富的视觉效果。

教你营造

封闭阳台要注意防晒通风：把与客厅相连的主阳台封闭起来改造成了休闲区，扩大了室内空间但是要注意防晒和通风，不能够完全封死，否则会使室内气流不畅，影响家居的舒适感。另外，阳台装修风格在和客厅一致的基础上，宜较为简单。

教你点睛

舒适生活不能忽略阳台：通风、透气、采光、晾晒衣物，是阳台的一些基本功能。同时，阳台也是最好的休闲空间，在阳台上养一些花花草草，可以把生活点缀得更美，对环境和心理都能产生有益的影响。盆栽植物可置于阳台栏板上，但应加设护栏，以免花盆坠落伤人。房子周围的环境和景观直接关系着阳台的利用方式。如果阳台外是美丽的自然风光、空气清新舒适，就要好好利用。但如果阳台面对大马路或高架桥，阳台就成了空气污染和噪音的场所，最好做封闭处理。

❖ 天雄大厦·复古情怀

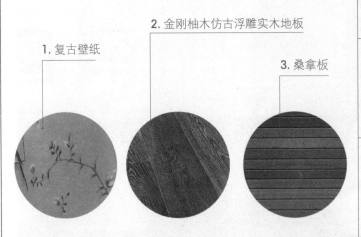

1. 复古壁纸

2. 金刚柚木仿古浮雕实木地板

3. 桑拿板

1. 古典花鸟壁纸采用纯纸用料，散发出简单优雅的贵族情调。花鸟图案构成的自然景象，适合钟爱复古风的怀旧人士

2. 曲折有致、纹理纵展，具有浓郁的古典韵味，其返璞归真的个性使整个居室华贵而不张扬，极具特色

3. 采用烘干材料，不易变形、发霉，以插接式连接，易于安装。桑拿板也可作为卫生间吊顶材料，安装好后需要油漆才能防水防腐

设计公司：温州大墨空间设计有限公司	面积：177 平方米
设计师：叶蕾蕾、叶建权	户型：四房两厅平层

平面布置图

教你布局

厕所在房子中心怎么办：本案整体呈狭长形，狭长形或者不规则形状的空间都会对居住者的心理产生不利影响。这种情况下，可以用家具将空间分成两个方形空间。餐厅距离厨房较远，且要经过长长的过道，使用不方便，因此设计师将厨房设计为带餐台的开放式厨房，方便日常就餐。另外客卫位于房子的中心位置，且客卫无窗，布局无法调整的话，应加强抽风设施，保持厕所干燥通风，另外可放置黄金葛，以增加净化空气的能量

教你营造

开门三见最吉祥：开门有三见是最好的玄关，所谓三见就是见到红色装饰、绿色植物和图画。本案玄关红色的墙面喜庆，绿色的水培植物生动，最巧妙的是把荷花装饰在推拉门上，实现了开门见画的目的，荷花寓意高洁，是很好的装饰画题材。

教你装修

用软装塑造风格： 本案的原有户型结构、风格定位以及屋主对房间数量的要求，已经决定了本案在平面布局上没有多少文章可做，设计师只能在软装搭配上下功夫。大到沙发、卧床，小到储物盒、牙具，无一不是设计师与业主共同挑选的成果，虽然过程漫长，效果却是很出彩的。

教你点睛

优雅灰色调演绎出复古味道:
桑拿板吊顶搭配复古花纹墙砖,
灰绿色的墙漆带来怀旧的观感,
小百叶窗和铸铁壁灯都是旧时
的流行样式,让人产生一种仿
佛置身于 19 世纪美国西部住宅
的感觉。

03 恬淡田园风

❖ 田园风的装饰指南

把自然搬到家里，以木头和铸铁粗糙的质感把人带到怀旧时光中，以小碎花营造明媚的浪漫，以舒适休闲的家庭氛围召唤你归家的脚步。

特点：居室整体开敞明亮、格调淡雅舒适，充分利用自然元素并带有异域风情。

颜色：色彩多为自然界的复合色，如米白、灰绿、土黄、海蓝色等。

天花：一般都做有简单的灯池，如果想让田园味更加浓郁，可以在天花加装木梁或者木板条；如若挂一盏枝形吊灯或摩洛哥铜灯，则能使空间充满异域风情。

地面：多用亚光木地板、仿古砖或带田园味道的拼花砖。

墙面：贴壁纸和粉刷是最常见的田园风墙面装饰手法。墙面可以刷成淡雅的白色、米黄色、粉蓝色或淡绿色；壁纸纹样包括小碎花、花草纹、条纹或格子纹，挑选时要注意和布艺的花纹相呼应。

门窗：现代住宅的门窗都比较简约，所以需要利用田园风的窗帘和小装饰来突出气氛，如选用小碎花或条纹窗帘，特别的窗帘样式能让人耳目一新，如百叶帘、罗马帘和纱帘。

家具：主要有四种——松软的布艺沙发、掉漆做旧的家具、着色轻盈的粗刨木桌椅，以及体积厚重的美式家具，最重要的是要把握住家具舒适朴实的韵味。

布艺：布艺是田园风格中最重要、最温暖的元素，本色的棉麻是主流，碎花、条纹、苏格兰呢格，每一种纹样都乡土味十足，繁复的花卉植物和鲜活的鸟虫鱼图案则更显个性。

配饰：摇椅、小碎花布、小麦草、水果、瓷盘、铁艺制品等都是田园风常用的配饰。鲜花和小盆栽对田园风来说同样非常重要，阔叶或者比较男性风格的绿植不适合田园风，而满天星、薰衣草、迷迭香、雏菊等有着芬芳香味的盆栽植物，非常适合搭配造型简单的搪瓷瓶罐或粗陶瓶，用温馨渲染每个角落。

海滨城·墙上风景

1. 防腐木

2. 金刚柚木仿古浮雕实木地板

3. 水曲柳饰面板

1. 经过特殊防腐处理的木材，具有防腐烂、防白蚁、防真菌的性能。专门用于户外环境的露天木地板，并且可以直接用于与水体、土壤接触的环境中

2. 纹理清晰，美观大方，黄色的暖色调感觉很温馨；不易老化，防腐，防虫，稳定性好

3. 颜色黄中泛白，制成山纹后纹理清晰，具有独特的美感和较强的可塑性，油漆的时候选择开放式油漆，透出木材自身的纹路，效果更好

设计公司：深圳三米家居设计有限公司	**面积**：约180平方米
摄影：黄涛荣	**户型**：五室两厅平层

平面布置图

教你布局

改造入户花园：本案原户型结构紧凑、采光通风效果好，还有一个13平方米的入户花园。餐厅面积偏小、不规则且离厨房比较远，而入户花园虽然面积大，形状方正，使用率却不高，因此设计师将入户花园改为餐厅，墙面分别设计成餐边柜、卡座和通透的书架。需要注意的是，入户花园改造后本身自带的地漏和排水管道往往派不上用场，此时不可随意锯断排水管道，可以用橡塑板把管子包住去除水声，再用石膏板或者木工板做造型隐藏。总之，改造必须是在工程结构允许的情况下进行，不然随着楼龄的增加会出现安全隐患

教你营造

内置餐边柜：内置柜可以充分利用墙面，增加收纳空间。嵌入墙体的落地餐边柜不仅有强大的储物功能，而且比购买的成品家具更容易与整个环境融为一体。在设计的时候最好分为上柜和下柜，中间半高的台面还可以摆一些日用品，或是常用的电饭锅、水壶、咖啡机、饮水机等，那么使用起来会更加顺手。

教你装修

搭配的艺术：本案空间比较大，所以在设计上非常讲究搭配的艺术。客厅的格局明亮方正，深色系地板搭配实木家具，呈现出一种古典的沉淀之美，而浅蓝色的沙发又为空间带来了些许海洋的味道。沙发背景墙上陈列着各种风格的装饰画，让偌大的客厅变成充实起来，空间再大，也能瞬间生动。托斯卡纳田园风格把大自然的优美和艺术生活完美结合在一起，是乡村的，简朴的，更是优雅的。

教你点睛

有故事的墙绘最适合儿童房：儿童时期是智力开导的重要阶段，
一个有故事性的墙绘比一个单纯的图案墙绘更能激发起小朋友的
兴趣，家长也可以对着墙壁和小朋友一起分享故事的想象空间。
另外，挑选墙绘色调和图案时不能只关注图案本身，一定要注意
与房间搭配和谐。另外，儿童都喜欢涂鸦，父母可以在儿童房挑
选一面合适的墙壁刷上黑板漆，给孩子一个随意涂鸦的空间。

✦ 天元城·全木自然家

1. 又叫"香杉木"，有一种独特的杉木香味，有漂亮的天然纹理，分为有巴结和无巴结两种。板材可以直接做成家具，刷环保漆，省时省力

2. 炭化木素有"物理防腐木"之称，也称为"热处理木"。不含任何防腐剂或化学添加剂，完全环保的防潮、防腐、防虫木材

3. 由木塑材料做成的一种墙面装饰板，使用寿命为 30 年以上，耐酸碱、抗虫蛀、耐油污、易清洁、无甲醛可回收利用，绿色环保

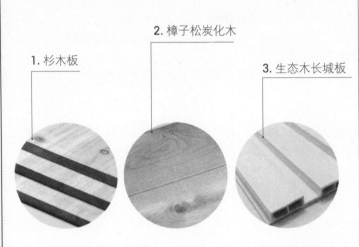

1. 杉木板

2. 樟子松炭化木

3. 生态木长城板

设计公司：南京市赛雅设计工作室	装修面积：110平方米
设计师：王梅	楼盘户型：两室两厅跃层

一楼平面布置图

二楼平面布置图

教你布局

小跃层布局要点： 本案为一套两室两厅的小型跃层公寓，跃层和挑高户型在布局方面也有许多需要注意的地方。首先在规划楼板安装位置时，上下楼层的高度应该一致或者是楼下高于楼上，否则会出现"天地颠倒"的格局，令人觉得压抑；其次，客厅、浴厕、厨房等公共区域最好规划在楼下，楼上为卧室、更衣室等较为隐秘的私人空间；此外，如果经济许可，应以木材为装修主材，减少金属的使用，金属等材料或多或少都会带来一些比较冰冷的感觉，令人不适

小客厅大空间：小客厅要怎么装饰才能更宽敞，更流畅便捷呢？想要塑造一个宽敞的小客厅，开放式的布局和简约的搭配是必须要学习的。

1. 开放的布局：小客厅要保持视觉上的开阔，通常都会采用开放式的设计，将客厅、厨房、餐区放在一个大空间里。

2. 墙面留白：小客厅的墙面要尽量留白，如果在墙上做太多的装饰，就会在视觉上显得更加拥挤。

3. 以浅色为主色调：色彩在空间中的作用很大，在视觉局促的小客厅，墙面色彩的选择尤为重要。把浅色大面积地用到小客厅中，中间最多再放一两种亮色作为点缀，使色调尽量保持统一。

4. 直线造型：复杂的线条更适合较大的空间，小空间应避免过多的装饰线条，应以直线为主。

5. 天花应简约：小客厅不要做复杂的天花，甚至可以不做吊顶。

6. 让门隐身：客厅的门过多会使空间看起来更加局促，遇到这种情况，可让门"隐形"，装饰成一堵连体墙，或者设计成镜面门，既美观又增加了客厅的纵深感。

7. 巧用镜子：镜子有扩大空间、增加深度的视觉效果。

8. 家具宜简约：小客厅挑选家具时也要注意偏向雅致、素淡一点，色彩和造型上都要避免过于繁复和杂乱。

教你点睛

点滴幸福点滴打造： 家庭氛围需要通过一些细节的考究来打造，桌布要有与众不同的折法，楼梯角要有绿植装饰，就连一个小小的水壶，也是业主喜欢的小猫图案，每个细节都让人感受到业主对生活的热爱。

教你营造

床直接放在地上要铺木地板或榻榻米：床底不适合紧连地面，床下通风、清洁，以防止沾染地面的潮湿之气，妨碍健康。如果喜欢把床放在地上，一定要铺木地板或榻榻米，阻隔潮湿，而且要常常清洁地板，避免把地板的灰尘带到床上去。

❖ 府翰苑·美式与地中海

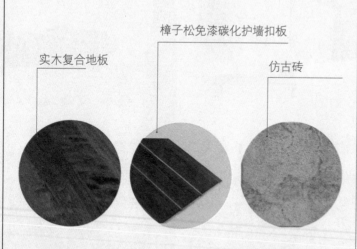

实木复合地板

樟子松免漆碳化护墙扣板

仿古砖

1. 继承了实木地板典雅、舒适、保温性能好的特点，又具有强化复合地板安装保养方便的优点。缺点是耐磨性不如强化复合地板高，价格偏高，质量参差不齐

2. 不含任何防腐剂或化学添加剂，材质环保。防潮、防腐且施工方便，隔音效果好，有独特的装饰效果

3. 防滑、耐磨，有着独特的典雅韵味。广泛使用在田园风格的装修设计中。品种、花色较多，可以满足个性化设计

设计公司：一米家居	面积：123平方米
设计师：刘婷玉	户型：三室两厅平层

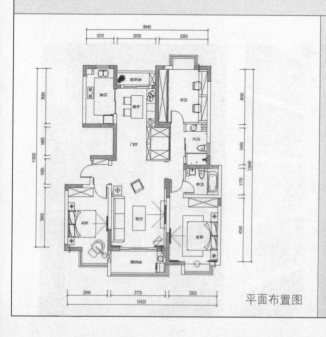

平面布置图

教你布局

卧室紧靠大门不太好：这是一个标准的三房两厅，南北通透，客厅和卧室都是南向，采光好，通风佳，功能分区合理。不过进门右侧就是次卧，将紧靠大门的房间作为卧室，会使居住者心理上有不安定感，可以作为书房或者客房来使用，如果常住的话最好做成多功能房。另外，客厅阳台与餐厅阳台相对，可以在中间增加隔断或者放置宽叶植物

教你装修

美式糅合地中海： 本案以美式田园风格为主，融入地中海异域特色，将自然舒适、稳重大气的主调贯穿于整个房间。比纯美式清新，比纯地中海式稳重，取两种风格的精华，融合成最具美感的混搭田园风格。深蓝色的墙面、拱形门、独具海洋风情的饰物，仿佛刮过一缕清新海洋风，使地中海的浪漫跃然房中。电视背景墙、家具、地面则采用了美式乡村风格中常用的土黄、棕色、暗红等大地色系，使整个空间如田园般自然纯朴。

教你点睛

窗边的小情调：实木地板，实木壁龛书架、水波帘头的素色亚麻窗帘，这样带有复古格调的角落，谁都会忍不住驻足。在明亮的窗边，随意地在地板上放几个抱枕，几本好书，一个有情调的阅读角就出现了。

双人书桌：不知道大家有没这种情况，两夫妻在家一个用电脑上网，一个用手机上网，或者一个在书房工作，一个在客厅工作，步调总不一致，彼此的交流越来越少。这种整个墙面做书桌的设计可以解决这个难题，如此大的书桌，就算四个人同时使用也绰绰有余了。随取随用的书籍、资料可以摆放在开放式的书架上。

04 唯美小清新

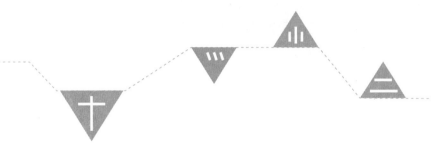

❖ 小清新的装饰指南

想在烦扰的生活中经营一种别样的文艺情怀，既贪恋田园风格的自然，又想兼顾宜家风格的简约和人性化设计。

特点：以简单的装修样式配上清爽的颜色，强调室内空间内外通透，用小饰品营造个人风格。

颜色：浅色系是小清新的代表，如白色、米色和浅木色。透明的无色则能带来更多的幻想，如玻璃、蕾丝、纱窗这样的材质都能够营造一种窗明几净的感觉。

材料：木材是清新风格装修的灵魂，采用清漆或者做旧效果。常用的装饰材料还有马赛克、玻璃和铁艺等，但无一例外地要保留这些材质的原始质感，布艺则偏好棉麻等天然质地。

硬装：尽量简单可以节约成本，墙面、门窗和天花等采用简约风格的装饰方式就行了。简单的阴角线能够使家居看上去没那么乏味，也可以通过改变墙体的颜色使家居更生动，更重要的是通过软装细节，体现小清新的生活哲学。

家具：宜家风格和现代风格的家具都是适合小清新家居的首选，简约不乏趣味。稍微搭配一两件田园风格的家具，能够提升自然感，不过要选择款式简单点的，避免体积太大或者装饰太多的田园风格家具。

配饰：因为小清新注重空间的通透感，所以合理方便的收纳是必不可少的。配饰大都是清爽可爱，重在整体搭配和情趣的营造，显示出浓郁的文艺情怀和个人风格，像麻质、竹质或陶瓷饰品，都是很不错的选择。

阳湖世纪苑·春天里的格子纹

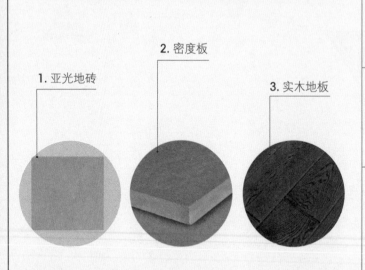

1. 亚光地砖
2. 密度板
3. 实木地板

1. 瓷砖的釉可分为亮光和亚光，两者只是对光的折射率不一样，但同品牌同材质的砖无论亚光还是亮光，防污、防水效果都是一样的

2. 人造板材，也称"纤维板"。质软耐冲击，强度较高，密度均匀，容易再加工，缺点是防水性较差

3. 呈现出天然的原木纹理和色彩图案，隔音隔热，舒适度高，绿色无害，但同时也存在难保养、价格高、稳定性差等缺点

设计公司：鸿鹄设计	面积：210平方米
施工单位：鸿澜装饰	户型：四室两厅复式

一层平面布置图

二层平面布置图

教你布局

餐厅和卫生间之间的巧妙隔断：这是一座总面积210平方米的复式公寓，四室两厅还有一个"L"形的屋顶花园。客厅和四个房间全部为南向，采光通风良好，且位于顶层，没有电线杆、高架桥、医院、反弓路、烟囱、大树等外部环境的影响。楼梯靠墙而立，并没有占用过多的空间。一层餐厅和卫生间之间的墙面延伸作为隔断，并且把干区作为一个独立的空间来设计，在餐厅和卫生间之间形成一个过渡区域。这样人们在用餐的时候就不会感觉到卫生间的存在，轻松消除了厕所对着餐厅造成的尴尬

教你装修

楼梯空间的利用: 很多人觉得楼梯旁边的墙体除了挂照片、挂装饰画就没有其他功能了,这样未免太"小看"墙面空间的收纳魔力了。把墙面部分掏空,然后安装搁板,这样既能储物,又能展示心爱的收藏品。

不过，并不建议将楼梯旁边的墙体大面积掏空，因为墙体要承受整个楼梯的大部分重量，所以，小面积的利用更为恰当。如果想大面积掏空，首先要对墙面的结构进行加固，而且还要确认改造和墙体本身的功能不冲突。

教你营造

衣帽间干净明亮好心情：衣帽间最要注意的是保持干净通风，不要堆放杂物，否则影响房间的空气流通，导致衣物容易发霉。另外就是要注意衣帽间的镜子不能对着床铺。本案的衣帽间避开正对床位，并且用暗藏的推拉门做间隔，即节省了空间，又不阻碍空气在整个空间流通。

教你点睛

儿童房要充满想象力：一张地图图案的地毯，既可爱又能玩游戏，小彩旗放在其他空间可能比较突兀，放在儿童房里却是如此活泼。如果有一整面墙壁可以做收纳柜，最好分成两部分来设计。下面做成带柜门的封闭式收纳柜，上面安装开放式的搁板，这样就能把一些杂物隐藏起来，搁板上面则可以摆放一些玩具，张贴孩子的创意作品和展示孩子得到的奖励。儿童是在玩耍中成长，所以家具应尽量靠墙摆放，以扩大活动空间。书桌应安排在光线充足的地方，床要离开窗户。墙上挂些符合孩子情趣爱好的画和挂件，会更有利于儿童的身心健康。

翠缇湾雅居·人人都爱黄绿色

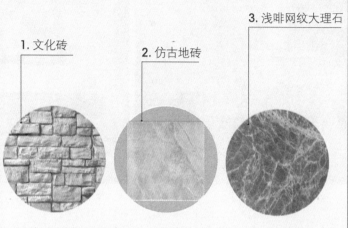

1. 文化砖

2. 仿古地砖

3. 浅啡网纹大理石

1. 是指具有文化内涵和艺术性的装饰砖，也是文化石的一种，多用于局部装饰

2. 防滑、耐磨，有着独特的典雅韵味。广泛使用在田园风格、乡村风格的装修设计中。品种、花色较多，可以做到个性化

3. 浅褐与丝丝浅白的错综交替，呈现纹理鲜明的网状效果，质感、立体层次感极强，白色纹理如水晶般剔透，装饰效果极佳

设计公司：深圳三米家居设计有限公司	**面积**：约110平方米
摄影：黄涛荣	**户型**：三室两厅平层

平面布置图

教你布局

户型尖角向外对视觉影响不大：本案为三室两厅的高层海景房，南北通透，视野开阔，阳光充足，功能分区明显，设计合理。次卧和客房的飘窗为三角形，不过尖角向外，对视觉效果影响不大。设计师分别将飘窗设计成书桌和储物地台，既利用了尖角面积，又能形成趣味性强的空间层次感

教你点睛

餐厅和书房合二为一："创意＋实用"演绎家的味道。设计的构想来源于自然，简单的空间安排，放大的细节，诠释出舒适与纯净。整个设计围绕清新的黄绿色展开，以自然材质为元素，点缀亮丽的橘色吧台凳和艺术书架，营造出一个轻松愉悦又充满时尚气息的空间。餐厅根据墙面定做了书架和卡座，使餐厅和书房合二为一，餐桌椅的布置十分简单，却显得十分清新，在这里看书、就餐都是不错的选择。

教你点睛

巧用对比色： 在这个以白色和绿色为主色调的空间里，橙色就像一个小精灵，在每个空间中扮演画龙点睛的角色，一张凳子、一个艺术造型的书架、一个抱枕、甚至是照片墙上的一幅橙色装饰画。一点对比色的运用，赋予了空间强烈的设计感。

❖ 青山湾·旖旎之白

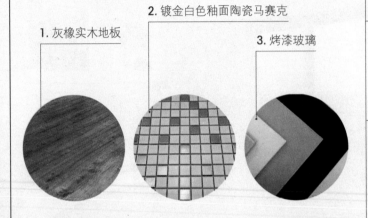

1. 灰橡实木地板

2. 镀金白色釉面陶瓷马赛克

3. 烤漆玻璃

1. 质地坚硬、纹理生动清晰，层次感极强，能让生活在钢筋和混凝土建筑里的人们感到自然的气息，给人以亲切、贴近自然的感觉

2. 是由陶瓷生产工艺生产出来的一种马赛克，可做出不同的颜色、不同的表面光泽度效果，具备陶瓷制品高强度、强韧性、耐热冲击等优点

3. 也叫"背漆玻璃"，色彩丰富，是一种极富表现力的装饰玻璃品种，一般用做室内装修

设计公司: 鸿鹄设计	建筑面积: 150 平方米
设计师: 朱娟娟	户型: 三室两厅平层

教你布局

两个方案解决过道通道狭长: 从平面布置图上看，通道过于狭长，造成面积浪费，从环境上讲，过道狭长容易聚风影响室内气流，将过道与相连的房间打通是解决该缺陷的一个方法。如果不能打通就根据过道的宽度做不同的功能设计，在宽度超过 1.2 米的过道中可以放置柜体作为储物空间。如果宽度较窄，就只能做成展示空间，在墙面上挂画或者照片。另外东南朝向缺角，室内布置时要注意利用好缺角的墙面，使之不产生压迫感。比如可以放置绿色盆栽，悬挂画面比较活泼的装饰画等。

平面布置图

教你装修

通过细节的横向设计缩短空间的狭长感： 设计师从业主的个人爱好和兴趣出发，将本案定位为现代简约小清新风格，在强调实用性的同时又兼顾美感，以协调舒适的色调营造出清新舒适的三居之家。自然清新的气息充满家中的每一个角落。设计师刻意把客厅、餐厅、书房作为一个开放的整体空间来设计，书桌背景墙和地面采用同一种颜色和材质，形成一个整体的横向视觉空间，有效地从视觉上缩短了通道的纵向狭长感。

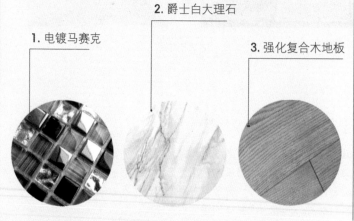

1. 电镀马赛克

2. 爵士白大理石

3. 强化复合木地板

1. 是完美的陶瓷工艺和玻璃工艺结合体。并具有耐酸碱、永不褪色、阻燃、易于清洁等诸多优点

2. 底白、花多且深，花为紫红色或灰色，光泽度一般，爵士白的色调以乳白色居多，质感丰富，纹理清晰

3. 具有稳定性高、易清洁、强耐磨、使用寿命长等优点。价格便宜通常在百元左右，但是舒适度也要明显低于实木和实木复合地板

设计公司：南京市赛雅设计工作室	**设计师**：梁晓雪	**装修面积**：100 平方米
指导及技术支持：姚小龙		**户型**：三室两厅平层

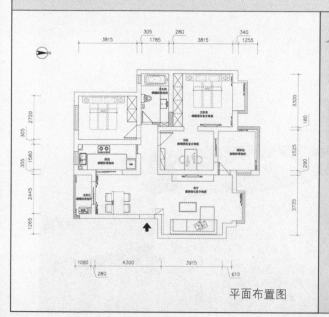

平面布置图

教你布局

解决开门见厕的三个方案：从平面布置图上分析，本案最明显的问题是大门正对厕所门。开门见厕是布局大忌，令人一进门就感到不悦，并且对房屋的整体美观有很大影响。设置玄关是最根本的解决办法，若空间不允许，可以在厕所门挂珠帘，也可以在大门和厕所之间摆放植物，或把厕所门做成隐形门。特别要注意的是厕所的卫生和通风问题，要经常打开厕所内的窗通风换气

教你装修

主题装饰： "主题装饰"就是尽量突出居室的文化内涵，强调主人的个人品位。要突出家居设计的主题，并不一定要花大钱，而是要结合主人的具体爱好。本案的业主喜欢旅游，希望能游遍这世上所有美好的风景。带着对梦想的期许，也带着对未来生活的美好憧憬，他们规划着自己的"世界"。浅咖色的大量使用，既稳重踏实，又不缺乏典雅气质，仿佛一杯香浓的焦糖拿铁，甘醇中带着香醇的奶香。深色沙发、布艺靠垫、柔软的浅色地毯，以及暖色调的墙面营造出一种温馨舒适的氛围。沙发背景墙上挂满了各国风景照片，凯旋门、卢浮宫、自由女神像……进门的鞋柜上还贴着巴黎的标志建筑埃菲尔铁塔，一切的一切，都是他们对生活的美好期盼。

教你营造

厕所对着餐厅也不适合，所以设计师把厕所门打造成和墙面融为一体的隐形门，平时可以常常关闭而不影响餐厅的气氛和整体的视觉效果。过道天花板向上收拢的小灯池能扩大视觉，过道摆放植物也有助于增加餐厅的自然气息，进一步消除正对厕所门所带来的影响。

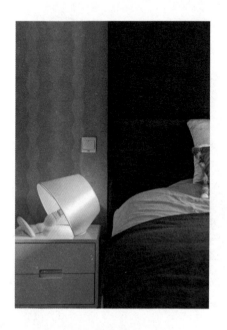

教你点睛

奇趣创意饰品： 家里有一两件新奇的饰品能为家居增加亮点，与众不同的造型能够一下子吸引别人的目光。但是这一类饰品不宜多，太多会导致视觉关注点过多，显得凌乱，无形中扰乱我们的思维。二是太多奇特的饰品难免使家里人更容易磕磕碰碰。

❖ 依云半山·宜家＋田园＋小清新

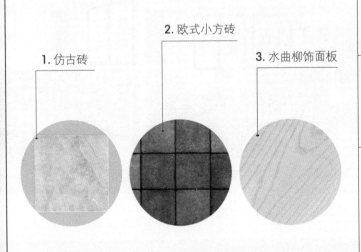

1. 仿古砖

2. 欧式小方砖

3. 水曲柳饰面板

1. 防滑、耐磨，有着独特的典雅韵味。广泛使用在田园风格的装修设计中。品种、花色较多，可以做到个性化

2. 小规格的仿古砖或花砖，自然质朴，多用于厨房、吧台等小面积的局部装饰

3. 颜色黄中泛白，制成山纹后纹理清晰，具有独特的美感和较强的可塑性，油漆的时候选择开放式油漆，透出木材自身的纹路，效果更好

设计公司：深圳三米家居设计有限公司	**面积**：约 139 平方米
摄影：黄涛荣	**户型**：四室两厅平层

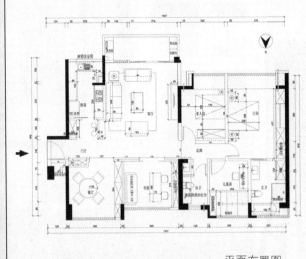

平面布置图

教你布局

解决大门对着主卧门的两个方案：本案有两个阳台，北阳台有 9 平方米，且比较方正，结合业主的需求，设计师将这个阳台改为书房，书房门设计为隐藏式推拉门，既保证了工作学习时的安静，又保证了原有的采光和空间开阔感。书房位于住宅西北方，这个朝向光线充足，做书房比做卧室更加合适。然而大门与主卧门相对，结构不好调整，也没有足够位置设置屏风。解决方法是相对的门要经常关上，减少气流的对冲和保护隐私。

教你装修

　　"宜家＋田园＋小清新"：喜欢简单，又不喜欢单调乏味，喜欢实木的厚重，又不喜欢老气横秋，最后，在各种混搭之下，有了现在的小家，"宜家＋田园＋小清新"。进门首先看到一个收纳展示柜，然后是吧台，往左拐是客厅，往右拐是书房。绚丽多彩的客厅，美式田园沙发配波纹彩色地毯，多色混搭出一种小清新的感觉。还有收纳功能强大的电视背景墙，既可以陈列装饰品，也可以当书架。欧式风格的餐桌位于客厅对面，靠墙做了一排展示柜，可以放置很多东西。主卧家具以白色为主，床头背景墙刷了暗粉色的墙漆，床尾做了一整排的衣柜，电视巧妙地嵌在里面，与衣柜合二为一，简洁大方实用。卫生间的墙面设计是最大的亮点，多重不同的拼贴方法，看似粗犷，实则用心。

05 优雅新中式

❖ 新中式的装饰指南

喜欢传统的中国文化，常常沉浸在古诗、琴笛和水墨画的美好意境中，追求禅道带给人的内心平静。

特点：现代中式整体设计比较简洁，主要是在局部采用中式元素，融合了庄重与优雅的双重气质。

材料：包括地砖、木材、墙漆等基本材料，其中木材运用最多。

颜色：以温和的暖色调为主色调，如白、米黄和各种木色等，装饰品色彩多以黑、红和青为主，这是中国文化的代表颜色。

天花：天花可做矩形或环形的灯池，以木板包边；或把雕花木线订在天花上，相交成传统的方格形或"回"字形，最重要的是要配以一盏中式风格的吊灯。

墙、地面：与普通装修没什么区别，采用墙漆、壁纸、地砖、石材和木地板均可，最好选择温和的浅颜色，因为中式家具一般都是深木色，这样容易搭配。

门窗：中式门窗风格浓郁，是体现中式风格的重点。一般用木头做成横竖相交的中式花格，已经装了铝合金窗或塑钢窗的家居可以在里层再加一层中式窗。花格窗也可以作为装饰品挂在墙上，使整个居室的风格更加统一。如果不想动大工程，素色窗帘或古朴的竹帘是不错的选择，能给家居带来典雅的气息。

隔断：用隔窗、屏风点缀居室更显古典情趣。中式屏风多用木雕、木框裱纸或金漆彩绘，可以到旧货市场淘货，也可定做；隔扇用实木做出结实的固定支架，中间和门窗一样用中式花格装饰，由于它是固定在地上的，所以需要定做。

家具：中式家具样式以明清家具为主，材料多以榉木、樟木、松木和杉木等软木材为主，名贵的则以花梨木、酸枝木和鸡翅木等硬木为主。除了普通的桌椅和柜子，罗汉床、博古架、鼓凳等能增添家居的新鲜感。挑选中式家具时，除了款式，还要注重舒适度和尺寸。

配饰：卷轴国画、书法、瓷器、漆器、雕塑摆件和盆景等传统配饰，东西虽小却能提升家居的文化气息，不过要适当地融入现代的摆设方法，毕竟家居装饰不同于古玩收藏，工艺品的盲目堆叠只会使家看上去繁琐无趣、老气横秋。

❖ 优雅中式·疏淡暗梅香

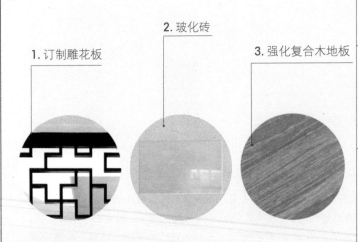

1. 订制雕花板

2. 玻化砖

3. 强化复合木地板

1. 用雕刻拉花线锯或镂铣机切割而成的装饰材料，风格多变，具有独特的装饰效果。可以买成品或按需求定做

2. 高温烧制的瓷质砖，表面光滑透亮，是所有瓷砖中最硬的一种，其在吸水率、边直度、弯曲强度、耐酸碱性等方面都优于普通釉面砖、抛光砖及一般的大理石

3. 具有稳定性高、易清洁、强耐磨、使用寿命长等优点。价格便宜，通常在百元左右，但是舒适度也要明显低于实木和实木复合地板

设计公司：辉度空间	面积：140 平方米
设计师：夏伟	户型：三室两厅平层

平面布置图

教你布局

狭长形住宅的布局方案：本案为 140 平方米的三房两厅，主卧有 22 平方米，带一个南向阳台，舒适大气。不足之处有：第一，整体住宅呈狭长形，客厅、餐厅位于住宅中心位置，采光不足；第二，大门正对客厅、沙发背后无靠；第三，进门见厕。对应的解决方法有：第一，装修色调应统一，以亮色系为主，适当增加一些辅助光源；第二，在大门和客厅中间设置屏风，靠过道的沙发背后摆放装饰柜，使人坐在沙发上有安全感；第三，进门的卫生间做干湿分区，因为干区是半开放式的，可以多些造型设计

教你装修

巧改布局：儿童房的房门原来开在餐厅的位置，使本来就比较狭长的餐厅在摆放餐桌椅后显得更加局促。设计师把北阳台利用起来，改变厨房门和儿童房门的朝向，满足了业主大厨房、大餐桌、多功能吧台的要求。主卫没有窗，设计师别出心裁地将主卫设计为干湿分离的玻璃房，解决了主卫的采光问题。

✤ 水月秦淮 · 蕴静

1. 深啡网大理石

2. 西班牙米黄大理石

3. 玻璃马赛克

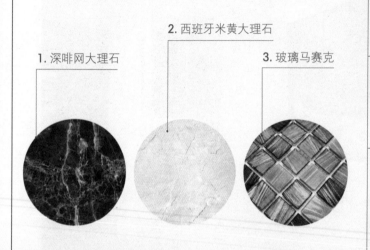

1. 深咖啡底色，有白花、光度好、易胶补。深咖啡色中镶嵌着浅白色的网状花纹，让粗犷的线条有了更细腻的感觉，极具装饰效果

2. 不含辐射、色彩丰富，耐磨性能良好，不易老化，具有很强的艺术性和观赏性，是高档建筑装修的首选石材

3. 又叫做"玻璃锦砖"，是一种小规格的彩色饰面玻璃。由天然矿物质和玻璃粉制成，安全环保、耐酸碱、不褪色，多用于室内局部、卫浴以及阳台外侧装饰

设计公司：DOLONG 设计	面积：158 平方米
摄影：金啸文空间摄影	户型：四室两厅错层

平面布置图

教你布局

客厅和餐厅以台阶分开：本案是一套四房两厅的错层公寓，全明设计，三房朝南，采光通风好。门厅宽大敞亮，与客厅设计格调统一，持重大方。餐厅比客厅高出约 25 厘米，以石材贴面的台阶和半人高的隔断分开，既增加了空间的通透性和贮物功能，同时，又可增加坐在沙发时的安全感。通常隔断的高度不宜太高，最好不要超过成人站立时的高度，否则容易给人压迫感，无形中造成使用者的心理负担。户型不足之处是房屋西北缺角，户型不够方正，不过设计师通过打造一个装饰简单的门廊，扩大了室内的视觉空间感。

教你点睛

别出心裁的灯光设计：客厅没有用吊灯和光带做主光源，而是在天花板上安装了许多小筒灯，仿佛抬头就能看到满天的星光，真是浪漫满屋。柔和静谧的灯光能带给人心灵上的平静，挑选光源时要注意灯泡的亮度和色温。

教你装修

用灰色调营造静谧感：一个好的空间设计，给予我们的不仅仅是功能上的满足，更多的是心灵上的享受。在这个设计中，温润的地砖与稳重雅致的深色实木家具和谐搭配，深色的大理石墙面与实木房门巧妙衔接，色彩艳丽的抽象画成为视觉的焦点，深色皮质沙发与原木自然融合，营造出一种"笃定、平和"的氛围，点缀其中的蓝灰色调，为空间增添了一些自在与从容，如同窗外的秦淮河在岁月中静静地流淌。"以静蕴动，以浅寓深"，从事教育工作的女业主无意间提起的一段话，却道出了作品的精髓："蕴·静"。

教你营造

餐厅不适合放白蜡烛：餐厅吊灯形状似一堆白蜡烛，美则美矣，但是会让人产生不好的联想，在选用灯具的过程中还是要尽量避免，或者选用其他颜色的灯具。

✦ 万博汇·花园入户来

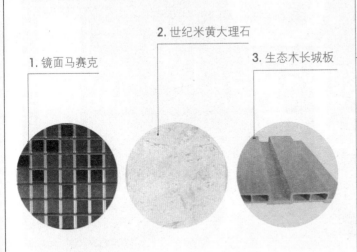

1. 镜面马赛克

2. 世纪米黄大理石

3. 生态木长城板

1. 是玻璃马赛克的一种，表面分为无色透明、着色透明、半透明、带金色、带银色几种，背面为着色的镜面

2. 黄底色带粉红色花纹，同时有少量白色贝壳分布。色调高贵，材质较一般大理石坚硬，光泽度高，色差小，是黄色类石材中的上乘品种

3. 由木塑材料做成的一种墙面装饰板，使用寿命为30年以上，耐酸碱、抗虫蛀、耐油污、易清洁、无甲醛、可回收利用、绿色环保

设计公司：刘耀成设计顾问（香港）有限公司	面积：260平方米
设计师：刘耀成	户型：两套三房两厅合并成一套

教你布局

两套房打通如何既有联系又有分隔：业主购置了相邻的两套房子，一套自己住，另一套给父母住。虽然是两套房子，但是经过户型改造由同一道大门进入，把其中一套的厨房墙打掉，做成入户花园的形式，保留原来两套房的其他功能，这样共同生活在一个屋檐下，既能享受三代同堂的天伦之乐同时又各自独立互不干扰。传统习惯认为，两套打通会改变家居格局，造成面积浪费、不聚人气。本案虽然为两套打通，但仅仅改变了入户大门位置，增加了一个入户花园，改动不大，且两套房保持了各自的独立性，对原户型影响不大

平面布置图

教你装修

黑白新中式：父母房是既有传统文化底蕴又富有时代感的新中式风格，年轻人的房间则是现代风格。虽然风格不同，但是都以黑白为主色调，地面、天花等大面积的装修也都采用了相同材料，这样无论是在布局上还是风格上，两套都可以和谐地融合在一起，从而满足了不同年龄段家庭成员的需求。

❖ 金地格林小城 · 米色春秋

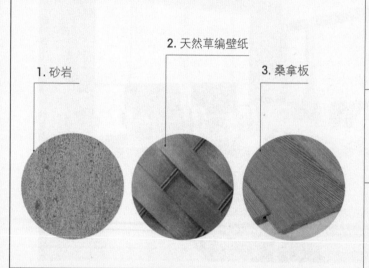

1. 砂岩

2. 天然草编壁纸

3. 桑拿板

1. 一种无光污染、无辐射的优质天然石材，对人体无放射性伤害。安装简单，能够与木作装修有机地连接，使背景造型更完美，克服了传统石材安装繁琐的问题，减少了安装成本

2. 以草、麻、竹、藤、纸绳、木皮等天然材质为原材料，手工编织而成的高档壁纸。具有透气、环保、高雅等特性

3. 有美丽的天然纹理，装饰性强，可搭配各种风格的装修。冬暖夏凉，脚感舒适，地板的稳定性相对较好

设计公司：支点设计	面积：220 平方米
设计师：蒋宏华	户型：三室两厅复式

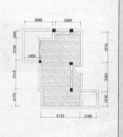

一层平面布置图　　地下室结构布置图

教你布局

地下室要特别注意除污浊空气：本案带有一个 60 平方米的半地下室。地下室潮湿阴暗，由于地势问题会使温暖干燥的空气向上升，也就是好的空气已经向上走了，留下的往往都是属于阴湿的秽气和瘴气了。地下室最好不要作为居住场所，特别是不要将卧室搬到地下室去。这可以作为贮藏室、娱乐室、地下车库、洗手间或厨房等。如果由于各种原因不得不在地下室设置卧室的话，要特别注意增加光源，并且在地下室放置一些阴生植物，增加新鲜空气含量和生气。另外，安装一些与地面以上空气接通的换气装置，将好空气更多地引下来

教你装修

用米色塑造宁静空间： 米色和浅咖啡色是房子的主色调，没有过于跳跃的视觉表现，只有含蓄和优雅，如同一幅水墨淡彩写意画。自然、平淡、宁静，是业主的基本要求，"自然"包括不夸张的设计，也包括尽量使用天然的材质。客厅为什么没有吊顶？因为不想破坏空间的干净整洁，所以只用了非嵌入式的射灯来营造气氛；走廊的横梁也没有刻意进行装饰，因为横梁本来就是中式风格的一种元素。

主卧休息区与衣帽间通过一款精心设计的多功能隔断来进行功能分区，一侧放电视，一侧做梳妆台，梳妆台的正反两面都可使用。地下室只做了简单的装修还没添置任何家具，业主的想法是做成影音室或者健身区。

❖ 中南世纪城·莲叶何田田

1. 雪弗板雕花　　2. 陶瓷马赛克　　3. 仿石纹瓷砖

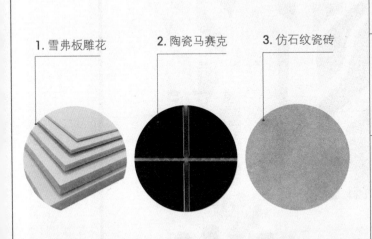

1. 又称为"PVC 发泡板"，可锯、可刨、可钉、可粘，不变形不开裂，且有多种颜色可选择

2. 是以陶瓷生产工艺生产出来的一种马赛克，可做出不同的颜色、不同的表面光泽度效果，具备陶瓷制品耐磨、高韧度、耐热、抗冲击等优点

3. 有天然石材的纹理、色彩和质感的一类瓷砖产品。能达到天然石材的逼真效果，装饰效果甚至优于天然石材且更加环保

设计公司：威利斯装饰设计有限公司	**面积**：150 平方米
设计师：巫小伟	**户型**：三室两厅错层

平面布置图

教你布局

楼梯靠大门要遮掩：错层建筑格局的优点是和跃层一样能够动静分区，又因没有完全分为两层，所以有复式住宅的丰富空间感。错层设计总体原则应该是后方地面高于前方地面，卧室高于客厅。楼梯位于住宅中心位置，正对大门，在动线上容易使上下楼梯和走进大门的人发生冲撞。如果布局无法调整，最好在楼梯和大门之间设置屏风或装饰品，无形中提醒大家行走要注意前方

教你装修

通过色彩、材质、家具、饰品来塑造新中式：色彩要对比强烈而不失稳重，例如，以木色为基调，用红、黄、蓝、绿等宫廷色作为局部点缀；材质应以自然材质为主，例如硬朗的石料、竹、木等。家具通常选用经过改良的，线条变得相对简洁与流畅的中式家具，也会引用一些经典的古典家具，如条案、靠背椅、罗汉床等。在饰品摆放方面，新中式风格是比较多元的，这些装饰品可以有多种风格，但空间中的主体装饰物还是中国画、宫灯、屏风、博古架和紫砂陶等传统饰物。

教你点睛

多变的装饰画： 不同的装饰画和灵活的挂画方式能够为中规中矩的室内装修带来不一样的点睛之笔。客厅挂的是三联画，餐厅挂画则尺寸巨大，铺满整个墙面，卧室是错落的装饰画，书房装饰的是打开的卷轴。

附录

❖ 居室插座开关布置表

	插座	开关
卧室	1、床头两边各1个（电话/床头灯） 2、电视2个 3、空调1个（三孔带开关） 4、电脑1个（三孔带开关） 5、预留1至2个	双控或双回路控制吸顶灯（门边和床头） 装饰效果灯开关
客厅	1、电视2个 2、空调1个（三孔带开关） 3、沙发两侧各1个 4、预留1至2个	吊灯双回路控制 玄关灯双控 装饰效果灯开关
卫生间	1、热水器1个（三孔带开关） 2、洗衣机1个（三孔带开关） 3、镜边1个（吹风机） 4、马桶边1个（电话） 5、预留1个至2个	镜前灯 排风扇（最好在马桶边上） 吸顶灯或浴霸
厨房	1、排烟机1个（三孔带开关） 2、炉灶下1个（以防以后换为电器灶） 3、水槽下1个（可以装小厨宝 — "小型容积壁挂式电热水器"/垃圾粉碎器） 4、水台边1个 5、操作台上2—3个（用于小电器/带开关） 6、微波炉1个（三孔带开关） 7、消毒柜1个（三孔带开关） 8、预留1个	吸顶灯 操作台灯
餐厅	1、电冰箱1个（三孔带开关） 2、餐桌边1至2个 3、预留1至2个	吊灯双回路控制 装饰效果灯
阳台	插座 预留1至2个	吸顶灯
玄关	预留1个	与客厅开关处做双控
书房	1、电脑1个（三孔带开关） 2、空调1个（三孔带开关） 3、书桌边1个（台灯） 4、预留1至2个	吊灯 电脑—电视（音视频共享） 电视或有线—电脑（音视频共享）

❖ **鸣谢**

支点设计
http://www.zdsee.com

刘耀成设计顾问（香港）有限公司
http://www.lyc123.com

深圳三米家居设计有限公司
http://www.3mihome.com/index.asp

冯振勇国际创意设计（香港）有限公司
http://www.xici.net/b1292637

辉度空间
http://www.19lou.com/forum-1911-1.html

南京市赛雅设计工作室
http://www.zhendian.net

温州大墨空间设计有限公司
http://www.china-designer.com/home/452632.htm

深圳巴黎时尚装饰有限公司
http://www.pfdeco.com

宁波东羽室内设计工作室
http://www.88v2.cn

威利斯设计有限公司
http://williswu.blog.sohu.com

DLONG 设计
http://www.dolong.com.cn

一米家居
http://www.hualongxiang.com/yimi

鸿鹄设计
http://www.hualongxiang.com/honghu

宋毅——玛雅设计机构

林函丹

朱文彬

曾燕妃

图书在版编目（CIP）数据

风格定位 / 凤凰空间·华南编辑部编. -- 南京：
江苏凤凰科学技术出版社，2015.3
（这样装修才会顺）
ISBN 978-7-5345-9530-1

Ⅰ. ①风… Ⅱ. ①风… Ⅲ. ①住宅－室内装修－图集
Ⅳ. ①TU767-64

中国版本图书馆CIP数据核字(2014)第285801号

这样装修才会顺——风格定位

编　　　　者	凤凰空间·华南编辑部	
项 目 策 划	郑　青　宋　君	
责 任 编 辑	刘屹立	
特 约 编 辑	宋　君	

出 版 发 行	凤凰出版传媒股份有限公司
	江苏凤凰科学技术出版社
出版社地址	南京市湖南路1号A楼，邮编：210009
出版社网址	http://www.pspress.cn
总 经 销	天津凤凰空间文化传媒有限公司
总经销网址	http://www.ifengspace.cn
经 销	全国新华书店
印 刷	北京博海升彩色印刷有限公司

开 本	710 mm×1000 mm　1 / 16
印 张	9
字 数	100 800
版 次	2015年3月第1版
印 次	2024年4月第2次印刷

标 准 书 号	ISBN 978-7-5345-9530-1
定 价	35.80元

图书如有印装质量问题，可随时向销售部调换（电话：022-87893668）。